Physikalische und physiologische Analyse von Sojasaatgut aus der Ernte 2016/2017

Larissa Dal Gallo Maschio
Paloma A. Sexto
Elisandra Urio

Physikalische und physiologische Analyse von Sojasaatgut aus der Ernte 2016/2017

In der nördlichen Region von Rio Grande do Sul

ScienciaScripts

Cover image: www.ingimage.com

This book is a translation from the original published under ISBN 978-613-9-60775-4.

Publisher:
Sciencia Scripts
is a trademark of
Dodo Books Indian Ocean Ltd. and OmniScriptum S.R.L publishing group

120 High Road, East Finchley, London, N2 9ED, United Kingdom
Str. Armeneasca 28/1, office 1, Chisinau MD-2012, Republic of Moldova, Europe

ISBN: 978-620-7-30090-7

ZUSAMMENFASSUNG

KAPITEL 1

EXECUTOR

Larissa Dal Gallo Maschio, Studentin der Agrarwissenschaften der Stufe IX am Instituto de Desenvolvimento Educacional do Alto Uruguai - IDEAU, C ampus Getúlio Vargas - RS, E-Mail: larissad.m@hotmail.com.

KAPITEL 2

GUIDE

Elisandra Andreia Urio, Professorin für Agronomie, Veterinärmedizin, Zahnmedizin und Pädagogik an der Hochschule IDEAU in Getúlio Vargas - RS.

E-Mail: **elisandra-urio@ideau.com.br.**

KAPITEL 3

FORSCHUNGSPROBLEM

In der landwirtschaftlichen Produktion wird das Saatgut als vollständige Technologie betrachtet, da es während seiner Entwicklung sein volles Potenzial zum Ausdruck bringt, sowohl produktiv als auch genetisch. Daher ist es wichtig, seine physischen und physiologischen Eigenschaften zu erhalten, da trotz aller verfügbaren Technologie in einigen Regionen die Produktion aufgrund der Verschlechterung des Saatguts stark beeinträchtigt wurde (COSTA, 2001).

Die Lebensfähigkeit des Saatguts wird durch Tests bestimmt, die eine Reihe von Vorteilen bieten, die mit einer breiten Palette von Informationen verbunden sind. Die Bereitstellung von Diagnosen ist von wesentlicher Bedeutung, da sie der entscheidende Faktor für die Erzeuger ist und die Qualität einer Saatgutpartie definieren kann, da sie weiß, ob sie für den Anbau geeignet ist oder nicht. Es ist daher notwendig, die physische und physiologische Qualität der in der Saison 2016/2017 geernteten Sojabohnen zu bestimmen.

KAPITEL 4

ZIELE

In den folgenden Abschnitten werden die Ziele dieses Projekts vorgestellt.

4.1 Allgemeines Ziel

Bewertung der physischen und physiologischen Qualität von Sojabohnen aus der Ernte 2016/2017.

4.2 Spezifische Ziele

- Überprüfung der physischen und physiologischen Qualität durch mechanische Beschädigungstests;
- Bewertung der Keimung der Samen jeder Sorte, wobei normale Keimlinge, abnormale Keimlinge und schlafende Samen zu quantifizieren sind.
- Bestimmung der Wuchskraft durch beschleunigte Alterung in einer BSB-Kammer;
- Bestimmen Sie das Gewicht der Tausendkornsaat (MSW).

KAPITEL 5

HINTERGRUND

Auf der Suche nach qualitativ hochwertigem Saatgut und in Anbetracht der Tatsache, dass Saatgut eine vollständige landwirtschaftliche Technologie ist, ist bekannt, dass die Saatguterzeugung aufgrund der Verwendung von minderwertigem Saatgut schwankte.

Aus diesem Grund ist die Erhaltung der physischen und physiologischen Qualität des Saatguts äußerst wichtig, und in einigen Regionen ist die Qualität durch Feuchtigkeitsschäden, Brüche, Risse in der Spelze, mechanische Schäden und Insektenbefall beeinträchtigt (COSTA, 2001). Die Qualität des Saatguts wird daher durch die Analyse nach den vom Ministerium für Landwirtschaft und Versorgung (MAPA) festgelegten Normen gewährleistet. Es ist bekannt, dass der endgültige Bestimmungsort dieses Saatguts das Feld ist, weshalb es notwendig ist, den Stand für den Landwirt zu bestimmen.

Das Auflaufen der Setzlinge auf dem Feld hängt von den Umweltbedingungen ab, und diese können nicht kontrolliert werden, es sei denn, sie befinden sich nicht im geschützten Anbau. Zu diesem Zweck müssen Tests durchgeführt werden, um auf effiziente Weise zu ermitteln, auf welche Weise sich die Partien mit größerer Wahrscheinlichkeit im Feld mit dem erwarteten Ertrag entwickeln (FILHO, 2001).

In Anbetracht dessen können die Ergebnisse dieser Studie wichtige Daten über die physikalische und physiologische Qualität des in der Ernte 2016/2017 untersuchten Saatguts liefern und den Erzeugern nützliche Informationen liefern, die sie bei der Auswahl von Sorten, Produkten und

Aussaatmethoden täglich nutzen können.

KAPITEL 6

THEORETISCHER RAHMEN

Dieses Kapitel behandelt wichtige theoretische Aspekte des Sojaanbaus und den Gegenstand dieses Projekts

6.1 GESCHICHTE DES SOJAANBAUS

Die Sojabohne, *Glycine max* (L.) Merrill, ist eine der wichtigsten Exportkulturen Brasiliens. Sie entstand, als im alten China, genauer gesagt in der Region des Jangtse-Flusses, zwei Wildarten domestiziert und durch natürliche Kreuzung verbessert wurden. Im zweiten Jahrzehnt des 20. Jahrhunderts begann Soja aufgrund der Menge an Ölen und Proteinen in seinen Körnern Interesse zu wecken, was das Interesse der globalen Industrie weckte, aber die Einführung des Sojaanbaus auf dem kommerziellen Markt scheiterte an den ungünstigen klimatischen Bedingungen für die Entwicklung der Pflanze (EMBRAPA, 2004).

Laut Embrapa (2004) hat die Pflanze ein gut entwickeltes Hauptwurzelsystem mit einer großen Anzahl von Sekundärwurzeln, die das Überleben der Pflanze fördern, und ist reich an Knöllchen von *Rhizobium japonicum-Bakterien, die die* Fixierung von Luftstickstoff fördern. Soja, dessen angebaute Art *Glycine max* (L.) Merrill ist, gehört zur Familie der zweikeimblättrigen einjährigen krautigen Leguminosen und zur Unterfamilie der Papilionoides.

Brasilien ist der zweitgrößte Sojaproduzent, weil es über eine Reihe von Ressourcen verfügt, wie z.B. die Modernisierung der Mechanisierung und die Ausweitung der landwirtschaftlichen Grenzen, die zur Entwicklung anderer Kulturen und zur Stärkung des brasilianischen Schweine- und Geflügelsektors beitragen (DALLAGANOL, 2000).

Soja ist eine der wichtigsten Ölsaaten, die sowohl für den tierischen als auch für den pflanzlichen Verzehr produziert und verbraucht wird, steht aber vor strukturellen Herausforderungen im Zusammenhang mit der Logistikkette, in der die Nutzung von Straßen für den Transport vorherrscht, ohne die Möglichkeit, Wasserwege zu erkunden, was die Kosten für den Transport der Produktion erhöht (SILVA et al 2005).

Soja wird sowohl intern als auch extern in großem Umfang vermarktet und vertrieben, wobei Tausende von Unternehmen - von kleinen Zulieferern bis hin zu großen transnationalen Unternehmen - beteiligt sind. Dies ist auf die soliden Märkte für seine Nebenprodukte (Sojamehl und -öl) zurückzuführen. Sojaschrot ist ein wichtiger Rohstoff für die Tierernährung, insbesondere für Geflügel, Schweine und Mastrinder. Mit der Zunahme des Verbrauchs von tierischem Eiweiß hat der Verbrauch von Sojaschrot allmählich zugenommen, vor allem in Fleisch produzierenden Ländern wie China und Brasilien. China hat die Strategie gewählt, Getreide zur internen Verarbeitung zu importieren, um Kleie zu gewinnen, anstatt das Folgeprodukt einzuführen. Infolgedessen ist das asiatische Land das Ziel von mehr als 60 % der weltweit exportierten Sojabohnen. Damit ist China einer der Hauptakteure in der globalen Soja-Agrarindustrie und trägt maßgeblich zur Expansion des Rohstoffmarktes bei (Krzyzanowski, 2016).

Angesichts der umfassenden Entwicklung des Sojaanbaus hat Brasilien mit den wissenschaftlichen Fortschritten und der Verfügbarkeit von Technologien für den Produktionssektor Schritt gehalten. Die Mechanisierung und die Entwicklung von Sorten, die an verschiedene Regionen angepasst sind, haben in den letzten Jahren zu einem Anstieg der Nachfrage nach Soja geführt, und die Identifizierung von Lösungen für die wichtigsten Faktoren, die für Verluste bei der Ernte verantwortlich sind, sind Faktoren, die diesen Fortschritt fördern, obwohl es immer noch einige Faktoren gibt, die die Produktivität einschränken (FREITAS et al., 2011).

Mit der größten Anbaufläche unter den nationalen Kulturen ist Soja der größte Verbraucher von Saatgut, Düngemitteln und Pestiziden in der brasilianischen Landwirtschaft, die in mehr als 200.000 ländlichen Betrieben eingesetzt werden. Soja ist nicht nur der Hauptnachfrager von Saatgut unter den angegebenen Kulturen, sondern die Entwicklung seiner Nachfrage im Laufe des Zeitraums ist größer als die nachgefragten Mengen an Saatgut aller anderen Rohstoffe, was zeigt, dass Soja von grundlegender Bedeutung für die Stärkung dieses Glieds in der brasilianischen landwirtschaftlichen Produktionskette ist (INDICADORES IBGE, 2006).

Brasilien ist ein Produzent und Exporteur von Nahrungsmitteln, wobei Soja eines der wichtigsten Produkte der Agrarindustrie ist. Der Markt für differenziertes Getreide wächst und verlangt nach einer Charakterisierung der Körner und der Definition der produzierten technologischen Qualität, die notwendig ist, um bestehende Märkte zu sichern und neue zu erobern. Eine bessere Qualität der Sojabohnen könnte zu kommerziellen Ernten mit hohen Erträgen und hohen kommerziellen Standards führen, die eine größere Wettbewerbsfähigkeit und Gewinne für die Sojaproduktionskette fördern. Bei der Definition der Qualität müssen verschiedene Faktoren berücksichtigt werden, wie z. B. die genetische Beschaffenheit der Sojabohne, die Anzahl der Mängel und Schäden bei der Ernte, die physikalischen, physiologischen, hygienischen und Reinheitsmerkmale des Saatguts, die die Qualität des Saatguts kennzeichnen, und die technologische Eignung des Korns.

Mit der zunehmenden Bereicherung der brasilianischen Landwirtschaft hat es eine Reihe von Veränderungen im Produktionsprozess gegeben. Unter den landwirtschaftlichen Betriebsmitteln spielt qualitativ hochwertiges Saatgut eine grundlegende Rolle im Produktionssystem, das dazu beiträgt, die quantitativen und qualitativen Standards zu verbessern (COSTA et al., 2001). Die Verschlechterung des Saatguts steht in direktem Zusammenhang mit physikalischen und physiologischen Veränderungen, die zum Absterben der Pflanzen führen können, sowie mit einer direkten Beeinträchtigung der Keimung, der Vitalität, der Lebensfähigkeit und der Verschlechterung durch Feuchtigkeit, was zu einer Vielzahl von Verlusten durch mechanische Beschädigungen, das Aufbrechen der Samenschale und zu erheblichen Einbußen bei den Qualitätsstandards des Saatguts führt (FRANÇA, 1984).

6.2 Physiologische Qualität des Saatguts

Das Saatgut gilt als wichtigster landwirtschaftlicher Input, da es alle genetischen Merkmale auf das Feld bringt und die gesamte physische, physiologische und gesundheitliche Qualität des Korns bestimmt. Die Wettbewerbsfähigkeit des Marktes hat dazu geführt, dass Investitionen in die Saatgutqualität immer effizienter werden und zur Stabilisierung und zum Erfolg des Bestandes sowie zur rentablen Produktion einer gut etablierten Kultur beitragen (BARROS, MARCOS FILHO, 2002).

Damit Saatgut als hochwertig angesehen werden kann, muss es Merkmale wie eine hohe Keimkraft, Keimfähigkeit und Gesundheit aufweisen, die eine physische Reinheit ohne Unkrautsamen garantieren (KRZYANOWSKI, 2004).

Die physiologische Qualität des Saatguts wird durch seine Vitalität und

Keimfähigkeit bestimmt. Die Zusammensetzung des Saatguts ist der begrenzende Faktor für die Keimfähigkeit der Pflanze, seine morphologische Struktur bestimmt seine Empfindlichkeit gegenüber äußeren Faktoren, was die Gewinnung von Samen mit Keimfähigkeit und Vitalität erschwert (PESKE, 2012).

Die Saatguterzeugung setzt Kenntnisse voraus, die die Wahl der Anbaufläche, die Verwendung der empfohlenen Sorten, die Aussaat zu verschiedenen Terminen, die Überwachung des vegetativen Wachstums, die Kulturbehandlungen, die phytosanitären Behandlungen, die Entscheidung über den Erntezeitpunkt und die Reinigung der Maschinen, Erntemaschinen und Transportfahrzeuge umfassen, die alle genau befolgt werden müssen. Die Ernte ist ein wichtiger Schritt in der Sojaproduktion, vor allem wegen der Risiken, denen die Pflanze ausgesetzt ist (EMBRAPA, 2002).

Einige der Faktoren, die für die Saatgutqualität der Sojabohne eine Rolle spielen, sind mechanische Beschädigungen, da diese Samen sehr empfindlich auf diese Art von Beschädigung reagieren, da sich die lebenswichtigen Teile der Embryonalachse (Keimwurzel, Hypokotyl und Plumule) unter einer Samenschale befinden, die nicht sehr dick ist und wenig Schutz bietet (FRANÇA NETO & HENNING, 1984). Die Anfälligkeit der Samenschale für mechanische Beschädigungen ist von grundlegender Bedeutung für die Saatgutqualität, da sie mit der genetischen Variabilität zusammenhängt (CARBONELL, 1991).

Die Qualität von Sojabohnensaatgut setzt sich aus vier Säulen zusammen: 1. physiologische Qualität, d. h. Saatgut mit hoher Vitalität und Keimfähigkeit, die zu einem angemessenen Auflaufen der Keimlinge auf dem Feld führt; 2. genetische Qualität, d. h. genetisch reines Saatgut der

Sorte, die Sie aussäen wollen, ohne Sortenmischungen; 3. Hygienische Qualität, d.h. Saatgut, das frei von anderen Unkrautsamen und Krankheitserregern wie Pilzen, Viren, Nematoden oder Bakterien ist; 4. physikalische Qualität, d.h. reines Saatgut, das frei von inertem Material wie Verunreinigungen, Pflanzenteilen, Insekten, Klumpen und anderen Unreinheiten ist.

Umweltbelastungen, die zu einem vorzeitigen Absterben der Pflanzen oder zu einer erzwungenen Reifung führen, können die Produktivität der Ernte und die Produktion von grünlichem Saatgut stark beeinträchtigen: Wurzelkrankheiten wie Fusariose, Stängelkrankheiten wie Stängelkrebs und Blattkrankheiten wie Asiatischer Rost; starker Insektenbefall, insbesondere saugende Insekten; Wasserdefizit (Trockenheit oder Sommer) während der letzten Stadien der Kornfüllung und der Reifung, insbesondere in Verbindung mit hohen Temperaturen; und das Auftreten von starkem Frost, der zu einem vorzeitigen Absterben der Pflanze führen kann (FRANÇA-NETO et al., 2012). Grünliche Sojabohnen beeinträchtigen die Wuchsleistung und die Keimung, was sich mit zunehmender Lagerdauer noch verstärkt. Je höher der Prozentsatz grünlicher Samen in einer Saatgutpartie ist, desto geringer ist ihre Qualität (PÁDUA et al., 2007).

Die genetische Reinheit der Sojabohnen ist ein weiterer wichtiger Faktor, da sie auch eine der Komponenten ihrer Qualität ist. Wenn ein Sojabohnenanbauer Sojabohnen kauft, möchte er die Garantie haben, dass das Saatgut, das er kauft, tatsächlich von der Sorte stammt, an der er interessiert ist. Es ist wichtig, dass das Saatgut genetisch rein und frei von Vermischungen mit Saatgut anderer Sorten, Saatgut von gezüchteten, wilden und schädlichen Arten ist.

Ein weiterer Faktor, der die Leistung von Sojabohnen beeinträchtigen kann, ist der Befall mit Bettwanzen, die Läsionen verursachen, die die Saatgutqualität beeinträchtigen. Nach Panizzi (1979) ist der Zeitraum, der dem Auftreten dieser Insekten entspricht, das Stadium der Entwicklung und der Schotenfüllung.

Schadinsekten an gelagertem Getreide, die bis vor einigen Jahren keine schwerwiegenden Schäden während der Lagerung verursachten, stellen heute ein Problem dar, das zu Schäden und Verlusten im Produktionssektor führt, so dass eine Überwachung erforderlich ist, da sie die Saatgutqualität beeinträchtigen können.

Die Saatgutqualität ergibt sich aus der Summe der physischen, physiologischen, gesundheitlichen und genetischen Eigenschaften. Die genetische Qualität oder Sortenreinheit ist sehr wichtig, da sie dem Landwirt garantiert, dass die Kultur mit der für sie empfohlenen Sorte angebaut wird. Je höher die genetische Reinheit, desto größer ist die Garantie für eine angemessene Leistung der Pflanzen. Seit 2013 schreibt die brasilianische Gesetzgebung mit der Veröffentlichung des IN 45 vom September 2013 (BRASIL, 2013) nicht mehr zwingend vor, bei der Reinheitsanalyse von Sojabohnen auf andere Sorten (Sortenmischungen) zu testen. Seitdem wird die Kontrolle der genetischen Identität der vermarkteten Sorte bei Feldbesichtigungen gemäß den gesetzlich festgelegten Methoden und Standards gewährleistet (GREGG et al., 2011).

6.3 Saatgutzertifizierung und Qualitätskontrolle

Das Zertifizierungssystem garantiert Qualitätsstandards in Bezug auf die Herkunft, die physische und genetische Reinheit sowie die physiologischen und hygienischen Eigenschaften. Dies geschieht, um den Anforderungen der Saatguterzeuger gerecht zu werden.

Im Rahmen des Zertifizierungssystems wird der Prozess der Erneuerung der Saatgutklassen systematisch durchgeführt. Durch die Übernahme des Systems in das Saatguterzeugungsprogramm wird die Verwendung minderwertiger Saatgutklassen vermieden, was zu einem Anstieg des Anteils gemischter Sorten beigetragen hat, was zu einem qualitativ schlechteren Signalprodukt geführt hat (Henning, 2008).

Die Mischung von Sorten kann sich auf verschiedene Weise auf die Sojabohnenernte auswirken, z. B. durch erhöhte Ernteverluste aufgrund des uneinheitlichen Reifegrads der Pflanzen zum Zeitpunkt der Ernte; die Qualität des Getreides für die industrielle Verwendung kann durch das Vorhandensein von minderwertigen Pflanzen aufgrund der Mischung von grünen, sehr feuchten und verbrannten Körnern beeinträchtigt werden (Costg, 2008).

Saatgut ist ein äußerst nützliches Instrument für die Verbreitung von Technologien. Das Fehlen einer Klassenerneuerung in der Saatguterzeugung kann den Zugang der Landwirte zu den neuen Sorten verzögern, die über das Zertifizierungssystem vertrieben werden. Diese neuen Sorten könnten zu neuen genetischen Fortschritten beitragen, wie z. B. Resistenz gegen Krankheiten, bessere organoleptische Qualität des Korns und hohes Ertragspotenzial (Henning, 2008).

6.3.1Verwendung von Qualitätssaatgut.

Die Saatgutzertifizierung ist ein von einer zuständigen öffentlichen oder privaten Stelle kontrollierter Produktionsprozess, der gewährleistet, dass das Saatgut so erzeugt wurde, dass sein genetischer Ursprung mit Sicherheit bekannt ist und dass es die zuvor festgelegten physiologischen, gesundheitlichen und physikalischen Bedingungen erfüllt. Die Zertifizierung ist ein wichtiger Bestandteil der Saatgutindustrie, da sie auf allen Stufen der Erzeugung, der Aufbereitung, der Vermarktung und auch bei der Erbringung von Dienstleistungen für die Landwirte zum Einsatz kommt. Sie ist die einzige Methode, die es ermöglicht, die Sortenechtheit des Saatguts auf einem offenen Markt zu erhalten. Durch die Kontrolle der Generationen kann das Saatgut von Spitzensorten seine genetische Reinheit und all seine qualitativen Merkmale bewahren, nachdem es von den Züchtern auf den Markt gebracht wurde (Levien, 2014).

Fünf Gründe, warum Sie zertifiziertes Saatgut zur Aussaat Ihrer Pflanzen verwenden sollten:

- Denn zertifiziertes Saatgut hat eine Generationskontrolle, d. h. Sie wissen, wie oft die Sorte nach der Freigabe durch den Züchter, der sie entwickelt hat, vermehrt wurde. Dies ist eine Garantie für die Herkunft der Sorte. Mit anderen Worten: Sie pflanzen die Sorte an, die Sie wirklich für Ihren Anbau vorgesehen haben. Es ist wichtig, die Generationen zu kontrollieren bzw. zu begrenzen, denn es ist erwiesen, dass das Saatgut von autogamen Arten in den meisten Fällen nach der fünften Generation zu degenerieren beginnt. Mit anderen Worten: Nach diesem Zeitraum entfaltet die Sorte nicht mehr ihr ganzes Potenzial, weil es zu natürlichen Kreuzungen und Vermischungen mit anderen Sorten gekommen ist, was hauptsächlich zu Ertragseinbußen führt.

- Denn zertifiziertes Saatgut hat einen garantierten Qualitätsstandard. Dieser Standard wird anhand von Proben ermittelt, die von der Zertifizierungsstelle entnommen und in einem vom Ministerium für Landwirtschaft, Viehzucht und Versorgung (MAPA) akkreditierten Saatgutanalyselabor analysiert werden. Dies garantiert die physikalische und physiologische Qualität des Saatguts. Mit anderen Worten: Sie kaufen die Sorte und haben die Garantie, dass sie keimt und Ihre Kultur nicht befallen wird. Dies kann zu höheren Erträgen und folglich zu einer größeren Rentabilität Ihrer Ernte führen.
- Denn zertifiziertes Saatgut hat die Garantie des Saatgutproduzenten, der es erzeugt hat, durch das Zertifikat und die dazugehörige Rechnung. Dies ist eine Produktgarantie. Mit anderen Worten: Wenn Sie ein Problem mit dem Saatgut haben, wissen Sie, an wen Sie sich wenden müssen, um Ihre Rechte geltend zu machen.
- Denn zertifiziertes Saatgut ist legales Saatgut. Das bedeutet Sicherheit. Mit anderen Worten: Sie verwenden Saatgut von einer bei MAPA registrierten Sorte, die durch das Saatgutgesetz geschützt ist. Mit diesem Saatgut haben Sie Zugang zu Krediten und Proagro-Deckung.
- Denn zertifiziertes Saatgut ist das Mittel zur Einführung der neuesten Fortschritte in der Pflanzenzucht. Dies ist eine technologische Innovation. Sie verwenden Saatgut von einer Sorte, die unter unseren Bedingungen (Zertifizierungsstelle) bewertet wurde und ihre Qualitäten unter Beweis gestellt hat.

Quelle: Fundação Pró-sementes.

6.4 Saatgutprobenahme für Laboranalysen

Die Saatgutanalyse wurde mit dem Ziel entwickelt und ständig verbessert, Informationen über die Qualität des Saatguts für die Aussaat zu liefern, um einige der Risiken zu vermeiden, denen es in der Landwirtschaft ausgesetzt ist (MAPA, 1992). Die Regeln für die Saatgutanalyse (RAS) sollen Informationen über die Saatgutqualität liefern und als Leitfaden für die verschiedenen Bereiche des Olivensektors dienen, von den Landwirten bis hin zu den amtlichen Labors und den Saatguthersteller n.

Eine der wichtigsten RAS-Regeln ist die Stichprobenziehung. Die Probenahme ermöglicht es, die Beziehungen zwischen einer Grundgesamtheit und den aus ihr entnommenen Proben zu untersuchen. Die Probenahme ist in allen Phasen der Saatgutqualitätsprüfung von grundlegender Bedeutung, von der Beschaffung über die Erzeugung, den Eingangsprozess, die Aufbereitung, die Analyse bis hin zur Handelskontrolle, da die Merkmale einer Menge oder Partie von Saatgut auf der Probenahme beruhen, die nach den zuvor beschriebenen Verfahren durchgeführt wurde.

Die im Labor eingegangene Durchschnittsprobe muss in der Regel auf eine oder mehrere Arbeitsproben reduziert werden, die für die verschiedenen Bestimmungen verwendet werden. Diese Zerkleinerung kann entweder maschinell oder manuell durchgeführt werden. Unabhängig von der Methode, die zur Gewinnung der Arbeitsprobe verwendet wird, muss diese Phase mit großer Sorgfalt und Aufmerksamkeit durchgeführt werden, damit sie die zu analysierende Saatgutpartie wirklich repräsentiert. Die Kombination mehrerer Einzelproben ergibt die Durchschnittsprobe, die nach der Homogenisierung zur Analyse an das Saatgutlabor geschickt wird

(Tabelle 1.0). Die Reinheit, der Feuchtigkeitsgehalt und die Lebensfähigkeit der Partie werden durch die Analyse der Arbeitsprobe ermittelt.

Tabelle 1.0: Maximale Losgröße, Mindestgewicht der Durchschnittsprobe und Arbeitsprobe für Weizen und Soja.

Kultur	Maximale Losgröße (Kg)	Mindestgewicht in Gramm	
		Muster Durchschnitt	Analyse Reinheit
Soja	30.000	1 000	500
Weizen	30.000	1.000	120

Quelle: Brasilien, 2009.

6.5 Verwendung von Sorten, die hochwertiges Saatgut hervorbringen

Der Erfolg eines Sojaproduktionsprogramms hängt von der Verwendung geeigneter Sorten ab. Die Sorten müssen nicht nur ein gutes Ertragspotenzial haben, sondern auch hochwertiges Saatgut produzieren, das einen ausreichenden Pflanzenbestand gewährleistet. In Brasilien gibt es mehrere Züchtungsprogramme, die Sorten mit besserer genetischer Saatgutqualität hervorbringen (França Neto & Krzyzanowski, 2004).

Neben dieser Linie der Züchtung auf Saatgutqualität umfassen andere Arbeiten auch die Selektion auf hohe Saatgutqualität unter Verwendung der modifizierten Methodik der beschleunigten Alterung und des kontrollierten Verfalls. Es gibt noch weitere Merkmale und Methoden, die in Züchtungsprogrammen zur Verbesserung der Saatgutqualität von Sojabohnen eingesetzt werden können. Dazu gehören andere Eigenschaften der Samenschale, wie z. B. Wasserundurchlässigkeit, Farbe, das Vorhandensein einer wachsartigen Epidermis und die Merkmale ihrer Poren, die Halbdurchlässigkeit der Hülsenwände, Resistenz gegen Pilze, Toleranz gegenüber Faltenbildung infolge hoher Temperaturen während der

Kornfüllungsphase und die Samengröße.

6.6 Test auf mechanische Beschädigung

Nach Krzyzanowski et al. (2004) ist die mechanische Beschädigung ein Faktor, der die Produktion von Sojabohnensaatgut von angemessener Qualität einschränkt. Der kritischste Zeitraum, der den Phasen der Saatgutproduktion entspricht, ist die Ernte und die Verarbeitung, da die durch die Rückverfolgungsmechanismen während des Prozesses verursachten Stöße zu irreversiblen Schäden am Saatgut führen. Costa et al. (2003) führt an, dass Brüche und Risse in der Samenschale durch mechanische Beschädigung der Samen entstehen und die physiologische Qualität der Samen direkt beeinträchtigen.

Der Prozess der Saatguterzeugung erfordert Technologien wie die Auswahl der Anbauflächen, die Verwendung der empfohlenen Sorten, die Aussaat zu bestimmten Zeiten, die Überwachung der vegetativen Entwicklung, den Anbau, die Behandlung der Pflanzengesundheit, die Bestimmung des idealen Erntezeitpunkts und die Reinigung der Maschinen, Erntemaschinen und Transportfahrzeuge, die strikt eingehalten werden müssen. Die Ernte ist eine wichtige Etappe im Sojaproduktionsprozess, vor allem wegen der Risiken, denen die für die Saatguterzeugung bestimmte Ernte ausgesetzt ist (Embrapa, 2002).

Mechanische Ernte und Verarbeitung sind die Hauptursachen für mechanische Schäden am Saatgut. Während der Ernte ist das Saatgut besonders anfällig für unmittelbare oder latente mechanische Schäden (Paiva et al., 2000). In diesem Fall treten die mechanischen Schäden zum Zeitpunkt des Dreschens auf, d. h. wenn erhebliche Kräfte auf das Saatgut einwirken, um es von der Struktur, die es enthält, zu trennen. Sie entstehen im Wesentlichen durch die Stöße, die von der Dreschtrommel beim Durchgang durch den Dreschkorb ausgeübt werden. Das Saatgut in der Erntemaschine ist ein statischer Körper, gegen den sich ein Metallkörper, die Stangen der Dreschtrommel, bewegt (Carvalho und Nakagawa, 2000). Für die mechanische Ernte von Sojabohnen gibt es auf dem Markt Mähdrescher mit Quertrommel- und Dreschkorb-Dreschsystemen und neuerdings auch Axialfluss-Mähdrescher, die unterschiedliche Auswirkungen auf die physiologische Qualität des Saatguts haben können (Marcos und Mielii, 2003).

Der Natriumhypochlorit-Test liefert schnelle Ergebnisse für mechanische Schäden an Saatgut und zeigt das Vorhandensein von Rissen in der Spelze (KRZYZANOWSKI et al., 2004). Dieser Test wird sowohl bei der Annahme des Saatguts als auch in der Verarbeitungslinie eingesetzt, um die durch die Geräte verursachten mechanischen Schäden zu beurteilen.

6.7 Keimung und Wuchsstärke

Nach Angaben des RAS ist der Keimtest das Auftreten und die Entwicklung der wesentlichen Strukturen, die zeigen, dass sie in der Lage sind, unter geeigneten Feldbedingungen eine normale Pflanze hervorzubringen.

Nach Borges & Rena (1993) kann die Keimung als das Wachstum der embryonalen Achse betrachtet werden, die während der Reifung gelähmt ist, d.h. sie ist die Phase, die aus physiologischer Sicht dem Übergang von der Ruhe zur Intensivierung der Stoffwechselaktivitäten entspricht.

Einer der Faktoren, der die Keimung stark beeinflusst, ist das Wässern. Nach Toledo & Filho (1977) beeinflusst Wasser die Keimung, indem es auf die Samenschale einwirkt, sie aufweicht und das Eindringen von Sauerstoff begünstigt sowie die Übertragung löslicher Nährstoffe in den Samen ermöglicht.

Die geeignete Temperatur für die Keimung liegt nach Bewley (1994) im Durchschnitt bei 20 bis 30°C. Der Lichteinfall bricht die Keimruhe der Samen, die möglicherweise temperaturabhängig sind.

Die Beurteilung der Vitalität des Saatguts ist für die Saatguterzeuger zu einem Routineinstrument geworden, da es ihnen ermöglicht, die physiologische Qualität zu beurteilen, zwischen Partien mit hoher und niedriger Vitalität zu unterscheiden, weniger vitales Saatgut zu verwalten oder zu eliminieren und die Möglichkeit von Verlusten zu verringern (FILHO, 1999).

6.7.1Ungekeimte Samen

Damit ein Saatgut keimen kann, muss es geeignete Bedingungen in Bezug auf Wasser, Temperatur und Umgebung vorfinden. Nach der RAS (2009) werden ungekeimte Samen klassifiziert als:

- Harte Samen: Es handelt sich um Samen, die über einen längeren Zeitraum kein Wasser aufgenommen haben und nicht verhärtet sind, da die Hülle nicht wasserundurchlässig war, was eine Art von Ruhezustand ist.

- Ruhende Samen: Es handelt sich um Samen, deren Keimung sich verzögert und die auch unter günstigen Entwicklungsbedingungen und selbst nach dem Einweichen nicht keimen.

- Tote Samen: Samen, die am Ende der Prüfung nicht gekeimt haben, nicht hart oder ruhend sind und oft aufgeweicht und von Mikroorganismen befallen sind und keine Anzeichen für eine beginnende Keimung aufweisen.

- Leere Samen: Samen, die völlig leer sind oder nur noch einige

Gewebereste enthalten.

- Samen ohne Embryo: Samen, die einen sich bildenden Embryo oder gametophytisches Gewebe enthalten, in dem es offensichtlich keine embryonale Höhle oder keinen Embryo gibt.

- Durch Insekten geschädigtes Saatgut: Saatgut, das Larven enthält oder Anzeichen eines Insektenbefalls aufweist, der seine Keimfähigkeit beeinträchtigt.

6.7.2Normale Sämlinge

Ein normaler Sämling ist ein Sämling, der gut entwickelte wesentliche Strukturen und die Fähigkeit hat, unter günstigen Feldbedingungen zu keimen. Ein Wurzelsystem mit langen Sekundärwurzeln, eine große Anzahl von saugfähigen Haaren, ein gut entwickelter oberirdischer Teil und Keimblätter sind die Strukturen, die der Pflanze die Fähigkeit zur Entwicklung verleihen (BRASIL, 2006).

6.7.3Abnorme Sämlinge

Er hat nicht das Potenzial, sich weiter zu entwickeln und normale Pflanzen hervorzubringen, selbst wenn er günstigen Feldbedingungen ausgesetzt ist. Beschädigte Sämlinge: Jede wesentliche Struktur fehlt oder ist so beschädigt, dass ein proportionales Wachstum nicht stattfinden kann. Missgebildete Sämlinge: mit schlechter Entwicklung oder physiologischen Störungen oder mit missgebildeten oder unproportionierten wesentlichen Strukturen. Verfaulte Keimlinge: mit stark infizierten oder stark geschädigten wesentlichen Strukturen als Folge einer Primärinfektion des Keimlings selbst, die sein normales Wachstum gefährdet (BRASIL, 2006).

6.8 Das Gewicht von Tausend Samen

Das Gewicht von tausend Samen wird berechnet, um die Aussaatdichte zu bestimmen und das Gewicht der Arbeitsprobe zu ermitteln. Die Arbeitsprobe wird im Verhältnis zum "reinen Saatgut" genommen. Anhand dieser Angaben lassen sich die Größe der Samen, ihr Reifezustand und ihre Gesundheit überprüfen (BRASIL, 2006).

KAPITEL 7

MATERIAL UND METHODEN

7.1 Experiment

Die Bewertungen wurden im CEBTEC Agro Seed Laboratory in der Stadt Mato Castelhano -RS, 28°16'42" südliche Breite und 52°11'30" westliche Länge, durchgeführt.

7.2 Experimenteller Aufbau

Wir verwendeten 20 verschiedene Sojasorten, die als die in der Region am weitesten verbreiteten klassifiziert wurden (siehe Tabelle 2). Der Versuchsplan war vollständig randomisiert (DIC), mit vier Wiederholungen für jede Sorte.

Tabelle 2: Sojasorten, die in den Versuchen verwendet werden:

CULTIVARS
1- 69I59 IPRO
2- 5855 RSF IPRO
3- NS 5959 IPRO
4- TMG 71761 RSF IPRO
5- 50I70 RSF IPRO
6- 69I69 RSF IPRO
7- 68I70 RSF IPRO
8- TMG 7062 IPRO
9- 6863 RSF
10- NS 6700 IPRO
11- NS 6535 IPRO
12- 7166 RSF IPRO
13- NS 6209
14- M5730 IPRO
15- NA5909 RG
16- 6968 RSF
17- 58I60 RSF IPRO
18- M5947 IPRO

19- AKTIV BMX RR

20- TMG 7062

7.3 Auswertungen und Analysen

Die Bewertungen wurden wie folgt durchgeführt:

Um die physikalische Qualität der Samen zu beurteilen, wurde der Test der mechanischen Beschädigung durchgeführt. Dazu wurden aus jeder Probe 200 Samen ausgewählt und in 4 Wiederholungen aufgeteilt, d. h. jede Wiederholung enthielt jeweils 50 Samen. Diese Samen wurden in eine Lösung aus Natriumhypochlorit und Wasser im Verhältnis 1:1 gelegt, wo sie 10 Minuten lang verblieben, wie in Abbildung 1 dargestellt. Anschließend wurden die Samen bewertet, um festzustellen, welche von ihnen durchtränkt waren. Dieser Prozess besteht in der Absorption von Wasser durch die Samenzellen, was bei jeder Wiederholung zu einer Zunahme von Volumen und Gewicht führt. Nach Vaughan (1982) ist das Saatgut bei einem Prozentsatz von mehr als 10 % aufgeweichter Samen stark beschädigt, und es müssen Anpassungen an der Erntemaschine und den Geräten sowie an der Verarbeitung vorgenommen werden.

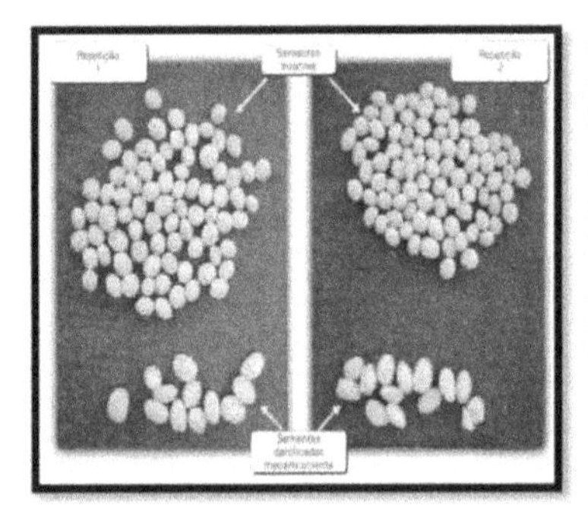

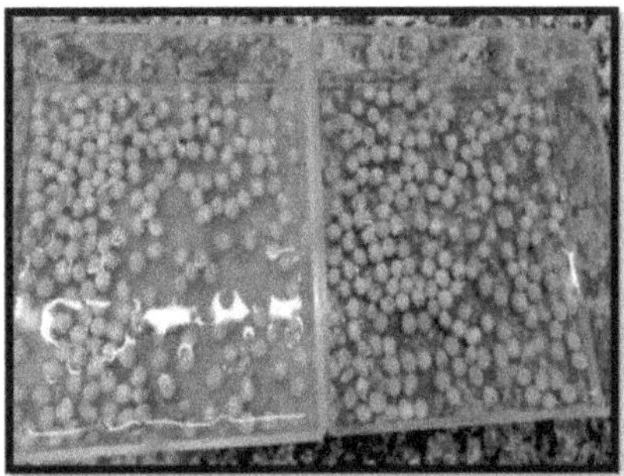

Abbildung 1: Mechanischer Schadenstest mit Natriumhypochlorit an Sojabohnen. Foto: MASCHIO, L., Labor für Saatgutanalyse, CEBTEC Agro, Mato Castelhano, 2017.

- Bewertung der Keimung: Für diesen Test wurden 400 Samen jeder

Sorte verwendet, die nach dem Zufallsprinzip ausgewählt wurden, mit 4 Wiederholungen zu je 100 Samen. Der Test wurde auf einer Germitest®-Papierrolle durchgeführt. Es wurden vier Papierbögen verwendet, zwei unter den Samen und zwei über den Samen, wie in Abbildung 2 dargestellt. Die Feuchtigkeit des Sojasubstratpapiers entspricht dem doppelten Gewicht des Papiers, d. h. das Gesamtgewicht der verwendeten Papiere wurde mit zwei multipliziert, was das Ergebnis der Menge an destilliertem Wasser ergibt, die zur Befeuchtung der Papierbögen verwendet wurde. Es ist zu betonen, dass für diesen Test keine behandelten Samen verwendet wurden. Die Körner wurden mit einem Körnerzähler gezählt, wobei die Körner gleichmäßig auf dem Papier verteilt wurden. Der Abstand zwischen den mit dem RAS ermittelten Samen beträgt 15 cm. Die Wiederholungen wurden in Gruppen zusammengefasst und mit Gummibändern in einer Plastiktüte gesichert, um die Rollen feucht zu halten. Zur Keimung wurden die Proben 5 Tage lang in eine Keimkammer bei 25°C und einer 12-stündigen Photoperiode gelegt.

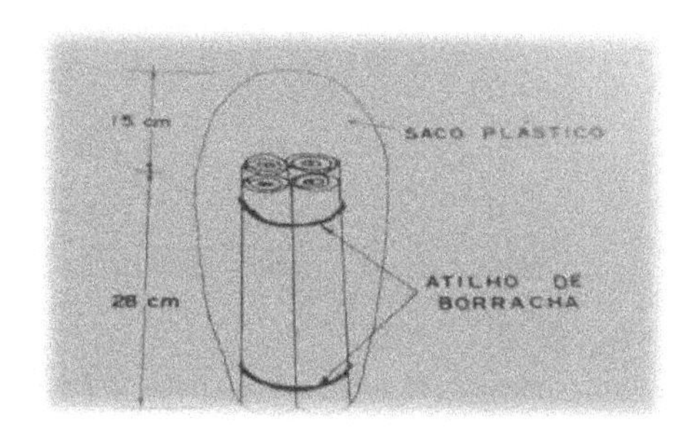

Figura 2: Verpacken der Keimrollen mit Plastikbeuteln zur Durchführung der Tests. Quelle: Krzyzanowoski et al., 1991

Zur Beschleunigung der Alterung wurde eine einzelne Schicht von Samen auf einem Sieb in einer Gerbox mit 40 ml destilliertem Wasser platziert (Abbildung 3). Die Proben wurden 48 Stunden lang in einer BSB-Keimkammer (Biochemischer Sauerstoffbedarf) mit Kontrolle der relativen Luftfeuchtigkeit bei einer Temperatur von 42°C gelagert. Nach der Reifezeit wurden die Samen zur Keimung gebracht und durchliefen den gleichen Keimungsprozess wie oben beschrieben; die Bewertung erfolgte 5 Tage nach der Aussaat.

Figura 3: Beschleunigter Alterungswachstumsversuch. Foto: MASCHIO, L., Labor für Saatgutanalyse, CEBTEC Agro, Mato Castelhano, 2017.

Die Bewertung der normalen und anormalen Keimlinge im Keimungstest ist der Durchschnitt der vier Wiederholungen und ist die Summe der Prozentsätze der normalen Keimlinge, der anormalen Keimlinge, der harten, schlafenden und toten Samen. Abbildung 4 zeigt einen Vergleich der Samen, die korrekt gekeimt haben, und der Samen, die sich nicht zu normalen Keimlingen ohne Wurzelsystem, oberirdischen Teil oder Keimblätter weiterentwickelt haben.

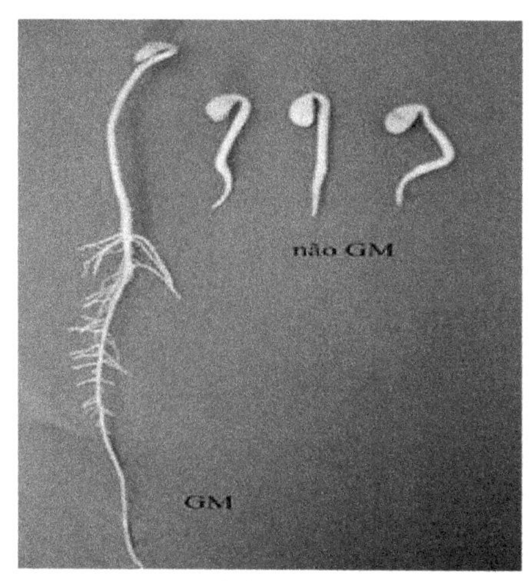

Figura 4: - Vergleich zwischen normalen (GV - gekeimt) und abnormalen (Non-GV - nicht gekeimt) Keimlingen. Quelle: (Bewley & Black, 1994).

Tausend-Samen-Gewicht: 8 Wiederholungen von 100 Samen aus jeder Probe wurden für diese Bewertung ausgewählt. Da das Gewicht von tausend Samen in einer Probe je nach Wassergehalt der Samen variiert, wurde der Feuchtigkeitsgrad bestimmt. Die acht Proben wurden dann mit einer experimentellen Präzisionswaage gewogen, und die aus den Wägungen gewonnenen Werte wurden anhand der Formel für das Tausendkorngewicht berechnet:

$$\textbf{Saatgutgewicht in Kilogramm (PAIS)} = \frac{\textbf{Probengewicht x 1.000}}{\textbf{n" Gesamtzahl der Samen}}$$

Da die Samen im Verhältnis zu den reinen Samen ausgewählt wurden, wurden die Varianz, die Standardabweichung und der Variationskoeffizient der aus den Wägungen erhaltenen Werte berechnet.

Der Test zur Analyse der statistischen Daten für alle Bewertungen wurde mit dem System für die Analyse und Trennung von Mittelwerten in landwirtschaftlichen Versuchen (SASM-Agri) unter Verwendung der Tukey-Methode mit einer Fehlerwahrscheinlichkeit von 5 % durchgeführt.

KAPITEL 8

ERGEBNISSE UND DISKUSSION

Nachdem alle Analysen durchgeführt, die Ergebnisse berechnet und die statistischen Tests durchgeführt wurden, ergaben sich die folgenden Ergebnisse.

Was die Daten zu den mechanischen Schäden betrifft, so wurden Risse und Spalten oberflächlich festgestellt und waren mit bloßem Auge leicht zu erkennen, aber dieser Test zeigt keine inneren mechanischen Schäden, die weitere Tests erfordern. Es ist hervorzuheben, dass mechanische Beschädigungen im Rahmen des Saatgutproduktionsprozesses eine der wichtigsten Ursachen für eine verminderte Saatgutqualität sind. Die Daten, die bei der Prüfung der mechanischen Beschädigung der Proben gewonnen wurden (Tabelle 3), zeigen die folgenden Ergebnisse:

Tabelle 3 - Durchschnittliche Ergebnisse der mechanischen Beschädigung

Prüfung auf mechanische Beschädigung	
Kulturpflanze	**Durchschnittswerte**
Behandlung 11	14,5 a
Behandlung 9	8,25 b
Behandlung 4	6,5 v. Chr.
Behandlung 8	6,5 v. Chr.
Behandlung 18	6,5 v. Chr.
Behandlung 20	6,25 v. Chr.
Behandlung 3	4,25 bcd
Behandlung 12	4,25 bcd
Behandlung	4,25 bcd

17 Behandlung 01	3,75 bcd
Behandlung 7	3,5 bcd
Behandlung 15	3,25 bcd
Behandlung 10	3 bcd
Behandlung 5	2.75 cd
Behandlung 14	2.75 cd
Behandlung 6	2.5 cd
Behandlung 19	1,75 cd
Behandlung 13	1,5 cd
Behandlung 16	1,5 cd
Behandlung 2	0,5 d
CV: 45,8	

*Nummern, die in der Spalte auf denselben Buchstaben folgen, unterscheiden sich nicht statistisch durch Tukey's Test bei 5%.

Obwohl die Proben unterschiedlich stark geschädigt waren, zeigen sich die negativen Auswirkungen der Schädigung auf die Saatgutqualität am deutlichsten bei den Behandlungen 11 und 9, wo die Sorten den größten Anteil an geschädigten Samen aufwiesen, im Gegensatz zu den anderen Sorten, die weniger stark mechanisch geschädigt waren, wie z. B. die Behandlung 2. Dies zeigt, dass Sojabohnen sehr empfindlich auf diese Art von Schädigung reagieren und dass die Folgen des Aufpralls eine der Hauptursachen für die Qualitätsminderung sind.

Mechanische Schäden am Saatgut sind sichtbare oder unmittelbare und unsichtbare oder latente Schäden. Unmittelbare Schäden sind leicht durch die Beobachtung von gebrochenen Integumenten, abgetrennten und/oder gebrochenen Keimblättern mit bloßem Auge zu erkennen, während latente Schäden mikroskopische Risse und/oder Abschürfungen oder innere Schäden am Embryo umfassen, bei denen die Keimung möglicherweise nicht unmittelbar beeinträchtigt wird, aber die Vitalität, das Lagerungspotenzial und die Leistung des Saatguts auf dem Feld reduziert sind (FRANÇA- NETO; HENNING, 1984).

Viele Autoren haben die genetische Variabilität von Sojabohnen in Bezug auf die Widerstandsfähigkeit des Saatguts gegen mechanische Beschädigungen hervorgehoben (AGRAWAL & MENON, 1974; STANWAY, 1978; KRZYZANOWWSKI et al., 1989), ebenso wie die Methoden zur Bewertung dieser Beschädigungen (PAULSEN et al., 1981; FRANÇA NETO et al., 1988). Es ist jedoch wenig über die Methoden bekannt, mit denen Sojagenotypen mit mechanisch resistenten Samen selektiert werden können. Kueneman (1989) schlug die Verwendung des "drop test" als Selektionsmethode für Sojabohnen vor, da dieser in den Vereinigten Staaten für Bohnensamen verwendet wird.

8.1 Keimung

Nach Brasil (2009) ist die Keimung des Saatguts in einem Labortest das Auftauchen und die Entwicklung der wesentlichen Strukturen des Embryos, was seine Eignung zur Erzeugung einer normalen Pflanze unter günstigen Feldbedingungen zeigt, obwohl die Feldbedingungen variabel sind und ungünstig sein können. Keim- und Wuchskrafttests (Abbildung 5) sind für die Qualitätskontrolle von Saatgut von entscheidender Bedeutung, um Partien zu identifizieren, die mit größerer oder geringerer

Wahrscheinlichkeit auf dem Feld oder während der Lagerung gut abschneiden werden.

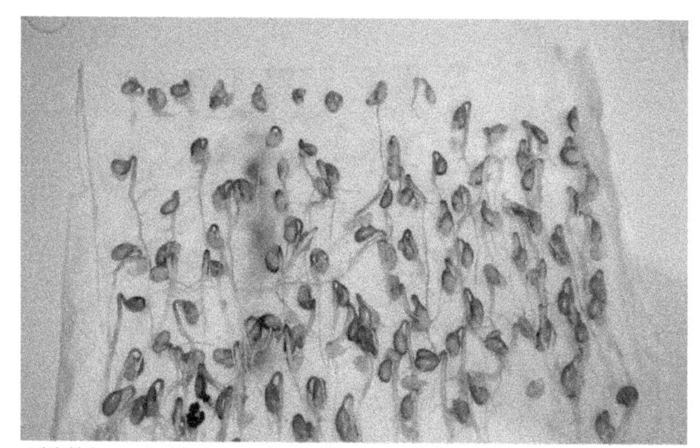
Abbildung 5: Keimtestkeimlinge auf Germitest-Papierrolle - Foto: PIRAN, T., Saatgutanalyse- und Zertifizierungslabor - CEBTEC AGRO - Mato Castelhano/ RS

Nach fünf Tagen der Keimung wurden normale Keimlinge, abnorme Keimlinge und abgestorbene Samen gemäß den in den Regeln für die Saatgutanalyse (BRASIL, 2009) festgelegten Bewertungskriterien gezählt, wobei die Ergebnisse in Tabelle 4 als Prozentsatz angegeben sind.

Tabelle 4- Ergebnisse des Keimungstests - Durchschnittswerte.

Keimtest	
Behandlung 4	96,5 a
Behandlung 5	96,5 a
Behandlung 14	96,5 a
Behandlung 19	96,5 a
Behandlung 9	96 a
Behandlung 20	96 a
Behandlung 2	95,5 a
Behandlung 17	95,5 a
Behandlung 18	95,5 a
Behandlung 13	95.25 ab
Behandlung 1	95 ab
Behandlung 7	95 ab
Behandlung 15	95 ab
Behandlung 3	94 ab

Behandlung 8	93,5 ab
Behandlung 6	93.25 ab
Behandlung 10	93 ab
Behandlung 12	92.25 ab
Behandlung 11	91.25 ab
Behandlung 16	89.75 b

Cv: 2,25%

*Nummern, die in der Spalte auf denselben Buchstaben folgen, unterscheiden sich statistisch nicht durch den Tukey-Test bei 5 %.

Der Keimtest, der unter günstigen Bedingungen und in einer kontrollierten Umgebung durchgeführt wird, ermöglicht eine vollständige und schnelle Keimung der Saatgutpartien. Die statistische Analyse ergab keine signifikanten Unterschiede in der Keimung der verschiedenen Saatgutpartien. Allerdings wiesen die Sojasamen der Behandlung 4, die in das Sieb 6.0 eingestuft wurden, in diesem Test den höchsten Prozentsatz normaler Keimlinge und folglich den niedrigsten Prozentsatz an abnormalen Keimlingen auf. Wie aus den oben dargestellten Ergebnissen ersichtlich ist, wies keine Partie ein unbefriedigendes Ergebnis mit einer guten Keimleistung auf, und keine Partie ging verloren.

Hampton & Tekrony (1995) stellten fest, dass die größte Einschränkung des Keimungstests darin besteht, dass er nicht in der Lage ist, Unterschiede im physiologischen Potenzial zwischen Partien mit hoher Keimfähigkeit festzustellen, was auf die Notwendigkeit hinweist, diese Informationen durch die Ergebnisse von Wuchskrafttests zu ergänzen. Außerdem hat die Größe der Samen wahrscheinlich keinen Einfluss auf den Keimungsprozentsatz, wohl aber auf die Wuchsstärke.

8.2 Lebenskraft

Die Analyse der Wuchskraft steht in direktem Zusammenhang mit dem anfänglichen Wachstum der Sämlinge und ihrer Fähigkeit, Biomasse zu bilden. Der Test zur beschleunigten Alterung ist anerkanntermaßen einer der am häufigsten verwendeten Tests zur Bewertung des physiologischen Potenzials von Samen verschiedener Arten und liefert Informationen mit einem hohen Maß an Konsistenz (TEKRONY, 1995). Die Ergebnisse des beschleunigten Alterungstests sind in Tabelle 5 aufgeführt.

Bei allen Saatgutpartien wurde der Feuchtigkeitsgehalt bestimmt. Nachdem das Saatgut einer beschleunigten Alterung unterzogen worden war, wurde der Keimungstest auf Germitest-Papier gestartet, um die Wuchsstärke jeder Saatgutpartie zu beurteilen. Am Ende des Tests, am fünften Tag nach der Aussaat, wurden die Keimlinge quantifiziert und die Wuchsstärke bewertet (Abbildung 6).

Tabelle 5: Ergebnisse des beschleunigten Alterungstests - Durchschnittswerte

Test zur beschleunigten Alterung	
Behandlung 14	94 a
Behandlung 19	94 a
Behandlung 15	93 ab
Behandlung 4	92,75 v.H.
Behandlung 13	92,75 v.H.
Behandlung 9	92 bcd
Behandlung 18	92 bcd
Behandlung 20	92 bcd
Behandlung 5	91,75 cdf
Behandlung 17	91 def
Behandlung 12	90,75 effg
Behandlung 2	90,5 fg
Behandlung 1	89,75 gh
Behandlung 7	89,75 gh
Behandlung 3	89,25 h
Behandlung 6	87,75 i
Behandlung 10	87,25 i
Behandlung 16	86 j
Behandlung 8	85,75 j
Behandlung 11	84,25 k

CV: 3,29%

*Nummern, die in der Spalte auf denselben Buchstaben folgen, unterscheiden sich statistisch nicht durch den Tukey-Test bei 5 %.

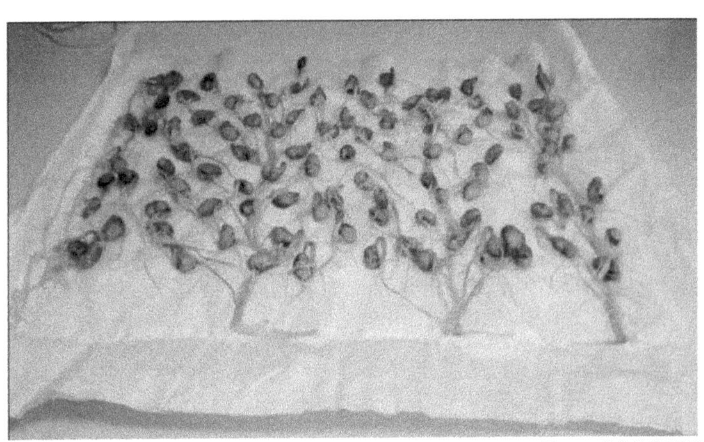

Abbildung 6: Beschleunigter Alterungstest an Sojabohnen. Foto: MASCHIO, L., Labor für Saatgutanalyse, CEBTEC Agro, Mato Castelhano, 2017.

Es ist zu erkennen, dass keine Charge versagt hat, aber einige einen reduzierten Prozentsatz an Vitalität aufwiesen, was zeigt, dass alle Saatgutchargen zufriedenstellende Ergebnisse erzielten. Bei diesem Test wurden hohe Temperaturen und eine hohe relative Luftfeuchtigkeit kombiniert, was wahrscheinlich zu einer deutlichen Steigerung des Stoffwechsels der Samen führte.

Eine mögliche Erklärung könnte sein, dass die größeren Samen, da sie über größere Reserven verfügten und auch mehr für Stoffwechselprozesse zur Verfügung standen, eine größere Fähigkeit hatten, normale Keimlinge zu erzeugen.

Daher zeigten Sämlinge aus kleinen oder leichteren Samen ein geringeres Wachstum der Luft- und Wurzelteile, eine geringere Anhäufung von trockener Phytomasse und waren weniger wüchsig als Sämlinge aus großen oder schwereren Samen, was die Beobachtungen von Carvalho &

Nakagawa (2000) und Aguiar et al. (2001) bestätigt. Die Ergebnisse zeigen uns also, dass größere Samen im Allgemeinen eine bessere physiologische Leistung erbringen, wobei die Größe oder Masse der Samen
spiegelt den Gehalt an Reservegeweben wider, die für die Entwicklung des Keimlings zur Verfügung stehen, und beeinträchtigt direkt sein Wachstum und seine anfängliche Vitalität.

8.3 Masse von tausend Samen

Die Saatgutgröße wird als ein genetisch bedingtes Sortenmerkmal betrachtet, dessen phänotypische Ausprägung von der Umwelt kaum beeinflusst wird und daher nicht als einschränkender Faktor für die Saatgutvermehrung angesehen werden sollte, es sei denn, sie weicht stark vom Durchschnitt der meisten Samen in der Partie ab (GIOMO, 2003) (Abbildung 7). Unter den Landwirten herrscht die Überzeugung, dass Pflanzen, die aus größerem Saatgut erzeugt werden, aufgrund der größeren Menge an Reservegewebe bessere Erträge liefern. Tabelle 6 zeigt die Ergebnisse für die Masse der Tausendkornsaat.

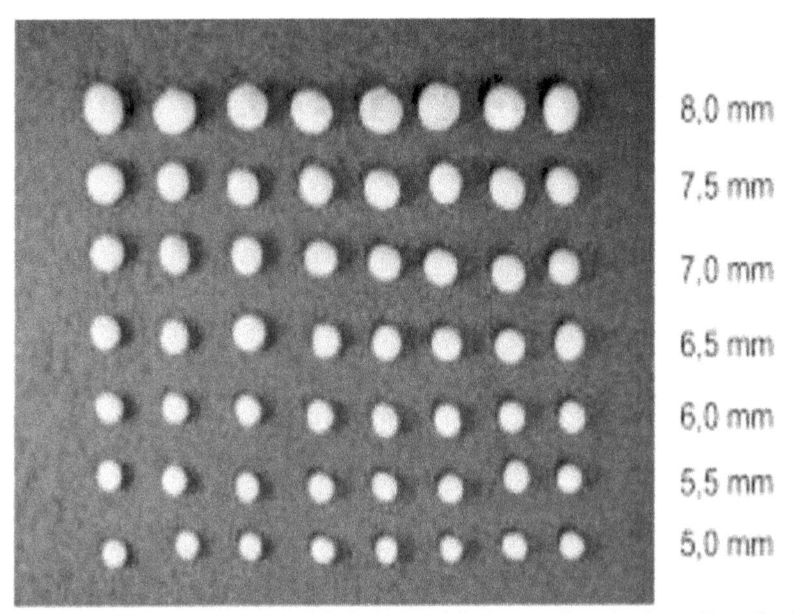

Abbildung 7: Größenunterschiede bei Sojabohnen, die mit einem Rundlochsieb sortiert wurden.

Foto: KRZYZANOWSKI, F. C, 2008, Londrina PR.

Tabelle 6: Tausendkornmasse nach Siebgröße und Feuchtigkeitsgehalt der Samen.

Tausendkornnudeln			
Kulturpflanze	**Sieb**	**PMS**	**Luftfeuchtigkeit**
Behandlung 1	6,5	186,5	13,5%
Behandlung 2	5,75	152,7	13,3%
Behandlung 3	6,0	163,2	13,4%
Behandlung 4	6,0	155,8	13,3%
Behandlung 5	6,0	161,1	13,4%
Behandlung 6	6,5	188,7	13,2%
Behandlung 7	6,25	182,0	13,3%
Behandlung 8	6,25	204,0	13,4%
Behandlung 9	6,0	162,4	13,3%
Behandlung 10	6,5	184,8	13,0%
Behandlung 11	5,75	159,0	13,3%
Behandlung 12	6,75	204,9	13,1%
Behandlung 13	6,0	164,3	13,1%
Behandlung 14	5,75	150,1	13,3%
Behandlung 15	6,5	184,2	13,4%
Behandlung 16	5,5	150,8	13,1%
Behandlung 17	7,0	226,9	13,2%
Behandlung 18	5,75	152,7	13,2%

Behandlung 19	6,5	184,4	13,4%
Behandlung 20	6,75	192,3	13,2%

Quelle: MASCHIO, L. - Saatgutanalyselabor- Cebtec Agro- Mato Castelhano/ RS 2017.

Bei den Durchschnittswerten für die Masse von tausend Körnern gab es signifikante Unterschiede zwischen den Größenklassen, wobei die Körner mit der höchsten Masse unter den Körnern der größten Größenklassen zu finden waren (Körner der Siebklasse 6,0 und 7,0 mm).

Größe und Dichte der Samen haben keinen Einfluss auf ihre Keimfähigkeit, wohl aber auf ihre Vitalität. Die meisten Untersuchungen haben gezeigt, dass große Samen, da sie eine größere Menge an Reservestoffen enthalten, besser keimen als kleine Samen, eine höhere Auflaufrate in größeren Tiefen haben und die Pflanzen, die sie hervorbringen, schwerer und kräftiger sind (CARVALHO; NAKAGAWA, 2000).

Die Samengröße und ihre Beziehung zum physiologischen Potenzial sind in den Arbeiten zahlreicher Forscher widersprüchliche Themen gewesen. Nach Mcdonald Jr. (1975) werden mit der Samengröße die morphologischen Aspekte bewertet, die möglicherweise mit der Vitalität zusammenhängen. Ávila et al. (2005), die mit Rüben- und Kohlsamen arbeiteten, fanden signifikante Unterschiede beim Vergleich von Samen unterschiedlicher Größe.

Andrade et al. (1997) stellten jedoch bei Mais keine Unterschiede zwischen der Vitalität von großen und kleinen Samen fest. Aguiar et al. (2001) stellten fest, dass es keinen signifikanten Unterschied in der Wuchskraft kleinerer Sonnenblumenkerne gab, sobald sie gelagert wurden; nach sechsmonatiger Lagerung wiesen die kleineren Kerne jedoch eine geringere Wuchskraft auf als die größeren Kerne.

Es wurde eine Schichtung der Größenklassen in ein höheres und ein niedrigeres physiologisches Potenzial festgestellt, wobei bei den größeren Samen (in Sieben mit 6,75 mm Löchern) im Vergleich zu den kleineren Samen (in Sieben mit 5,0 mm Löchern) signifikant höhere Werte vorherrschten, was auf einen signifikanten Einfluss der Größe und eine signifikante Verringerung der Wuchskraft bei abnehmender Samengröße hinweist. Diese Ergebnisse korrelieren mit den durchgeführten Vitalitäts- und Keimungstests.

Wie oben erwähnt und laut BRASIL (2009) variiert das Gewicht von tausend Samen mit dem Wassergehalt der Samen. Aus diesem Grund wurde der Feuchtigkeitsgehalt der Samen bestimmt, was zeigte, dass alle Saatgutpartien einen ähnlichen Prozentsatz an Feuchtigkeit aufwiesen, was darauf hindeutet, dass beide einen geringen Unterschied im Wassergehalt hatten. Trockenes Saatgut, d. h. Saatgut mit einem Wassergehalt von weniger als 12 %, neigt zu sofortigen mechanischen Schäden, die durch Risse, Spalten und Bruch gekennzeichnet sind. Saatgut mit einem Wassergehalt von mehr als 14 % ist anfälliger für latente mechanische Schäden, d. h. für innere Schäden, die im Allgemeinen mit bloßem Auge nicht sichtbar sind.

KAPITEL 9

SCHLUSSFOLGERUNG

Anhand dieser Studie wird deutlich, wie wichtig die Verwendung von Qualitätssaatgut ist, sowohl im Hinblick auf die Keimfähigkeit als auch auf die Wuchskraft, selbst wenn man weiß, dass die verwendeten Sorten nicht aus gesichertem Saatgut stammen und keine Saatgutpartie ausgefallen ist. Qualitativ hochwertiges Saatgut führt zu starken, kräftigen und gut entwickelten Sämlingen, die sich unter verschiedenen Boden- und Klimabedingungen etablieren. Darüber hinaus garantiert die Verwendung von qualitativ hochwertigem Saatgut eine angemessene Pflanzenpopulation, einen schnelleren Pflanzenaufgang und eine schnellere Pflanzenentwicklung, was die grundlegende Bedeutung der Verwendung von qualitativ hochwertigem Saatgut mit bekannter Herkunft deutlich macht.

Abschließend sei darauf hingewiesen, wie wichtig es ist, Sorten mit hoher Keimkraft und Wuchsstärke zu verwenden und sie in einer geeigneten Verpackung und bei idealer Luftfeuchtigkeit zu lagern, um Schäden am Saatgut zu vermeiden und die Ausbreitung von Lagerpilzen und -bakterien zu verhindern, damit die Partien nicht verdammt werden und das Saatgut für die Aussaat geeignet ist, was zu hohen Erträgen, großen Pflanzenbeständen, einer überdurchschnittlichen Anzahl von Schoten und einer hohen Kornmenge pro Schote führt.

KAPITEL 10

ZEITPLAN FÜR AKTIVITÄTEN

Die zur Durchführung des Projekts durchgeführten Aktivitäten sind in der nachstehenden Tabelle beschrieben.

Abbildung 1: Zeitplan der Aktivitäten.

AKTIVITÄTEN	**F**	**M**	**A**	**M**	**J**	**J**	**A**	**S**	**O**	**N**	**D**
Wahl des Themas und des Betreuers	■										
Treffen mit der Aufsichtsbehörde		■	■	■	■						
Literaturübersicht			■	■							
Ausarbeitung des Projekts		■	■	■							
Durchführung des Forschungsprojekts											
Datenerhebung und Forschung		■	■	■							
Überarbeitung und Endabnahme der Arbeit						■	■	■	■	■	
Präsentation der Arbeit vor einem Gremium											■
Beginn der Datenerhebung							■	■	■	■	

Quelle: Der Autor

KAPITEL 11

BUDGET

Die Ausgaben für Sachmittel zur Durchführung des Projekts sind in der nachstehenden Tabelle beschrieben.

Tabelle 2: Haushalt.

DETAILLIERTES PROJEKTBUDGET - MATERIELLE RESSOURCEN			
MATERIAL FÜR DEN DAUEREINSATZ			
Material Beschreibung	Menge	Wert (Einheit - in Reais)	Gesamt R$
Kamera	1	990,00	990,00
Notebook	1	1.300,00	1.300,00
Zwischensumme	2	2.290,00	2.290,00
VERBRAUCHSMITTEL			
Material Beschreibung	Menge	Wert (Einheit - in Reais)	Gesamt R$
Germitest-Papier	360	0,25	90,00
Plastiktüten	6	0,80	4,80
Gummigriff	200	0,10	20,00
Einwegbecher	100	0,20	10,00
Zwischensumme	666	1,60	124,80
DIENSTLEISTUNGEN: (Kopieren, Binden, Grafikdruck)			
Material Beschreibung	Menge	Wert (Einheit - in Reais)	Gesamt R$
Kopieren und Binden	3	16,00	48,00

REFERENZEN

AGRAWAL, PK.; MENON, S.K. Lignin-Gehalt und Dicke der Samenschale im Verhältnis zur Rissbildung der Samenschale bei Sojabohnen. Seed Research, v.2, S.64-66, 1974.

BARROS, A.C.S.A.; PESKE, S.T. Typologien und Marketingmix von Weizen- und Sojasaatgutunternehmen in Rio Grande do Sul. Revista Brasileira de Sementes, v.24, n.1, S.81-90, 2002. DOI: 10.1590/S0101-31222002000100012

BEWLEY, J. D.; BLACK, M. Seeds: Physiology of development and germination. 2. Ed. New York: Plenun Press, 2003. 445 p.

BORGES, E.E.L; CASTRO, J , L. D; BORGES R.C.G. Physiologische Bewertung von Zedernsamen, die vorzeitig gealtert wurden. **Brasilianisches Saatgut-Journal**. Brasilia, v12, n.1. p56-62, 2004.
BORGES, E. E. L.; RENA, A. B. Saatgutkeimung In: AGUIAR, I. B.; PINARODRIGUES, F. M. C.; FIGLIOLIA, M. B. (Coord.). Tropical forest seeds. Brasília: ABRATES, 2004. p. 83 - 135

BRASILIEN: Normative Anweisung Nr. 18 vom 13. April 2006 (zur Genehmigung von Modellen und
Anweisungen für das Ausfüllen der amtlichen Saatgutanalyse-Bulletins und der Saatgutanalyse-Bulletins). **Diário Oficial da União**: Brasília, 19. April 2006. section 1, p.11-15.

CARBONELL, S.A.M. Methodik zur Selektion von Soja-Genotypen mit mechanisch resistenten Samen. Londrina. 1991. 103p. Dissertation (Master in Agronomie), Staatliche Universität von Londrina, 1991.

CARVALHO, N.M.; NAKAGAWA, J. Semente: ciência, tecnologia e produção. 4 ed. Jaboticabal: FUNEP, 2000. 588p.

CÔRREA-FERREIRA, B.S; KRZYZANNOWSKI, F.C; MINAMI, C.A. **Bettwanzen und die Qualität von Sojabohnensamen.** Seeds Series. Londrina: Embrapa Soja, 2009 (Embrapa Soja, Technisches Rundschreiben, 67).

COSTA, N.P.; MESQUITA, C.M.; MAURINA, A.C.; FRANÇANETO, J.B.;
PEREIRA, J.E.; BORDINGNON, J.R.; KRZYZONOWSKI, F.C.; HENNING, A. A. Auswirkung der mechanischen Ernte von Sojabohnen auf die physikalischen, physiologischen und chemischen Eigenschaften der Samen bei drei
Brasilianische Staaten. **Revista Brasileira de Sementes**, v.23, n.1, S. 140-145, 2001.

COSTA, N.P.; MESQUISTA, C.M. MAURINA, A.C. Physiologische, physikalische und gesundheitliche Qualität von in Brasilien produziertem Sojabohnensamen. Revista Brasileira de Sementes, vol. 25, n° 1, p.128-132,2003.

COSTG, P. NILTON . Qualität der Saatgutgesundheit. In: França Neto, J. B.;
Henning, A.A. Physiologische und gesundheitliche Qualität von Sojabohnen. Londrina: Embrapa Soja. 1984.

DALL'GNOL, A. **O impacto da soja sobre a economia brasileira.**Informações técnicas para a agricultura. São Paulo, Máquinas Agrícolas Jacto, 2009.

FERREIRA, A.G. & BORGUETTI, F. **Keimung**: von den Grundlagen zur Anwendung. Porto Alegre: Artmed, 2004, 323 S.

FILHO, J.M.; Seed Physiology of Cultivated Plants. Piracicaba, SP: FEALP, 2005.

PRÓ-SEMENTES FOUNDATION - Alexandre Levien - Leiter der Saatgutzertifizierung.

FLOSS, E.L. **Physiologie der Kulturpflanzen: die Studie hinter dem, was Sie sehen**. 5. ed. .-Passo Fundo: Ed. Universidade de Passo Fundo, 2011.

FRANÇA-NETO, J. B.; HENNING, A.A. Qualidade fisiológica da semente. Londrina: EMBRAPA/CNPSo, 2004. p.5-24. Technisches Rundschreiben, 9.

FRANÇA-NETO, J. B.; HENNING, A.A. Qualidade fisiológica da semente. Londrina: EMBRAPA/CNPSo, 1894. p.5-24. Technisches Rundschreiben, 9.

FREITAS, M. de C.M. et al. **The Soya Crop in Brazil.** ENCICLOPÉDIA BIOSFERA, Centro Científico Conhecer - Goiânia, vol.7, N.12; 2011 Pág.1

GALLO, D.; NAKANO, O.; SILVEIRA, NETO, S.; CARVALHO, R.P.L.;
BAPTISTA, G.C.; BERTI FILHO, E.; PARRA, J.R.P.; ZUCCHI, R.A.; ALVES, S.B.; VENDRAMIM, J.D.; MARCHINI, J.C.; LOPES, J.R.S.; OMOTO, C. *Entomologia Agrícola*. Piracicaba: FEALQ, 2002. 920 p.

GIOMO, G.S. Verarbeitung von Kaffeesamen (Coffea arabica L.) und

Auswirkungen auf die Qualität. Botucatu, 2003, 95 f., Dissertation (Doktorat in Agronomie), Universidade Federal Paulista.

HAMPTON, J.G. & TEKRONY, D.M. Accelerated aging test. In: Handbook of vigour test methods. Zürich: Internationale Vereinigung für Saatgutprüfung, S.1- 10, 1995.

HENNING, A. A. Hygienische Qualität von Saatgut. In: França Neto, J. B.;
Henning, A.A. Physiologische und gesundheitliche Qualität von Sojabohnen. Londrina: Embrapa Soja. 1984. P.25-39. (Embrapa Soja, Technisches Rundschreiben 10).

KUENEMAN (1989) schlug vor, den "drop test" als Selektionsmethode für Sojabohnen zu verwenden, da er bei Saatgut verwendet wird

KRZYZANOWSKI, F.C.; FRANÇA NETO , J. B; HENNING, AA.;COSTA,N.P. Sojabohnensaatgut als Technologie und Grundlage für hohe Erträge - Seed series. Londrina: Embrapa soya, 2008[a] . 8p (Technisches Rundschreiben, 55)

KRZYZANOWSKI, F.C. **Ökologische Zonierung des Staates Paraná für die Saatguterzeugung von frühen Sojasorten.** Revista Brasileira de Sementes, Brasília, v.16, n.1, S.12-19, 1994.

KRZYZANOWSKI, F.C.; FRANÇA NETO , J. B; HENNING, AA.;COSTA,N.P. Sojabohnensaatgut als Technologie und Grundlage für hohe Erträge - Seed series. Londrina: Embrapa soya, 1984a.

McDONALD JUNIOR, M.B. Vigour test subcommittee report. News Lett. Assoc. Proceeding of Association of Official Seed Analysts, Washington, v.54, n.1, S.37-40, 1980.

MARCOS FILHO, J; November A,D,L,C; Beschleunigter Alterungstest für Sojabohnen. Scientia Agricola, v57, n3, p 473-482, 2001.

MARCOS FILHO, J.; CICERO, S. M.; SILVA, W. R. Evaluation of seed quality. Piracicaba: FEALQ, 1987. 230 S.

MARCOS, S.; MIELII, U. Axial-Flow, der neue Produktivitätsmeister, Verfügbar unter . Abgerufen am 26/05/2003.

MIELEZRSKI, F.; SCHUCH, L.O.B.; PESKE, S.T.; PANOZZO, L.E.; PESKE, F.T.; CARVALHO, R.R. Individual performance and populations of hybrid rice plants as a function of seed physiological quality. Revista Brasileira de Sementes, v.30, n.3, S.86-94, 2008.

PAIVA, L.E.; MEDEIROS, S.F.; FRAGA, A.C. Verarbeitung von

mechanisch geernteten Maiskolben: Auswirkungen

PAULSEN, M. R. Fracture resistance of soybean to compressive loading. Transaction of tche ASAE, v.21, n.6, p. 1210-1216, 1978.

PANIZZI,R.R.; SMITHJ.C.; PEREIRA,L.A.G.; YAMASHITA, J. Efeito de danos de *Piezodorus guildinni* (Westwood, 1837) no rendimento e qualidade da soja. In: Seminário nacional de pesquisa de soja. londrina, 1978. **anais**... londrina, embrapa-cnpso, 1979. v. 2 p.59-78.

PESKE, S.T.; ROSENTHAL, M.D.; ROTA, G.R.M. Saatgut: Wissenschaftliche und technologische Grundlagen. 3. Auflage[a] . Pelotas: Editora rua Pelotas, 2012. 573p.

RONDON, E.V. Biomasseproduktion und Wachstum von Schizolobium amazonicum (Huber) Ducke Bäumen unter verschiedenen Abständen in einer Waldregion. Revista Árvore, Viçosa, v.26, n.5, S.573-576, 2002

SILVA, S. S.; BERNARDO, D. C. R.; SANTOS, A. C.; SALAZAR, G. T.: Estimation of the soya production function in Brazil from 1994 to 2003. Kongressprotokoll. XLIII. Nüchterner Kongress in Ribeirão Preto. São Paulo, 2005.

TEKRONY, D.M. Beschleunigte Alterung. In: VAN DE CENTER, H.A. (Hrsg.). Seminar über Saatgut-Vigorismusprüfung. Kopenhagen: Die Internationale Vereinigung für Saatgutprüfung, S. 53-72, 1995.

TOLEDO , F.F.; MARCOS FILHO, J. Manual de sementes- tecnologia da produção. São Paulo: Ed. Agronomica ceres, 2001. 224 p.

VAUGHAN, C.E. Quality assurance techniques - the chlorox test In: SHORT COURSE FOR SEEDSMEN, 1982, State College. Proceedings ... State College: Mississippi Seed Technology Laboratory, 1982. p.117-118